DARWINOWSKA TEORIA EWOLUCJI

Pochodzenie gatunków

DARWINOWSKA TEORIA EWOLUCJI

Pochodzenie gatunków

napisany przez Romain Parmentier
przetłumaczony przez Kâmil Kowalski

DARWINOWSKA TEORIA EWOLUCJI

KLUCZOWE INFORMACJE

- **Kiedy:** 24 listopada 1859 r.

- **Gdzie:** Londyn

- **Kontekst:** Debata naukowa na temat pochodzenia gatunków w XIX wieku

- **Składający:**

  - Karol Darwin, brytyjski przyrodnik (1809-1882)

  - Alfred Russel Wallace, brytyjski podróżnik i przyrodnik (1823-1913)

- **Wpływ:**

  - Nowa koncepcja pochodzenia gatunków w historii naturalnej

  - Stworzenie darwinizmu

24 listopada 1859 roku po raz pierwszy ukazała się książka zatytułowana *O pochodzeniu gatunków drogą doboru naturalnego, czyli o zachowaniu uprzywilejowanych ras w walce o życie*. Książka ta, wielokrotnie wznawiana i tłumaczona na wiele języków, wzburzyła opinię publiczną w XIX wieku. Jej autor, Karol Darwin, twierdził, że wszystkie gatunki zamieszkujące Ziemię są wynikiem powolnej ewolucji i że nadal ewoluują w desperackiej walce o

przetrwanie. Ale czy te gatunki nie są niezmiennymi istotami, żyjącymi w obfitej naturze zgodnie z wolą Boga? Rozdźwięk między tymi dwoma ideami jest uderzający.

Charles Darwin potrzebował wielu lat, aby spisać swoje myśli i teorię. Zafascynowany naukami przyrodniczymi, to przede wszystkim jego podróż jako przyrodnika na pokładzie statku *Beagle* położyła podwaliny pod jego rewolucyjne idee. Po wypłynięciu w grudniu 1831 roku, statek powrócił do Anglii w październiku 1836 roku. W ciągu tych pięciu lat młody naukowiec miał okazję zebrać i zbadać wiele gatunków zwierząt i roślin. Przeszedł również serię doświadczeń, które na zawsze zmieniły jego spojrzenie na naturę.

Po powrocie Karol Darwin zebrał swoje myśli. W 1839 roku doszedł do wniosku, że gatunki ulegają zmianom, co pozwala na ewolucję przez dobór naturalny w walce o przetrwanie. Zżerany przez niepokój związany z konsekwencjami, jakie może wywołać taki naukowy rozłam, Darwin potrzebował dwudziestu lat, by dokończyć swoje dzieło, próbując udzielić odpowiedzi tym, którzy będą je kwestionować, i na zawsze naznaczyć historię świata.

KONTEKST POLITYCZNY, GOSPODARCZY I SPOŁECZNY

WIELKA BRYTANIA NA CAŁYM ŚWIECIE

XIX wiek był niewątpliwie epoką Wielkiej Brytanii. Rzeczywiście, kraj, który widział narodziny Karola Darwina, był u szczytu swojej potęgi. Choć jej wzrost potęgi rozwijał się przez wiele dziesięcioleci, przyspieszył szczególnie pod koniec XVIII i w XIX wieku. Wielka Brytania jako pierwsza przystąpiła do rewolucji przemysłowej, w której pojawiły się żelazo, węgiel i silnik parowy, co dało jej możliwość wyprzedzenia wszystkich innych narodów. Przemysł znacznie rozwinął gospodarkę brytyjską, a Wielka Brytania eksportowała coraz więcej towarów, aż stała się największą gospodarką świata.

Innym czynnikiem, który również ma wpływ na znaczenie XIX-wiecznej Wielkiej Brytanii, jest znaczenie jej terytoriów. Pod koniec poprzedniego stulecia, gdy kraj ten utracił swoje amerykańskie kolonie w wyniku wojny o niepodległość (1775-1783), posiadał jednak jeszcze Kanadę i wiele terytoriów na Karaibach. Wzmacniając siłę swojej marynarki, Wielka Brytania nieubłaganie kontynuowała podboje terytorialne. Liczne wyprawy pozwoliły jej wejść w posiadanie Australii, Nowej Zelandii i wielu wysp na Pacyfiku. Ponadto Indie, które były tak pożądane przez wszystkie państwa europejskie, zostały stopniowo podbite przez Brytyjczyków w latach 1757-1858, kiedy to terytorium to ostatecznie przeszło pod władzę Korony. Wreszcie Afryka była przedmiotem ostrej walki między europejskimi mocarstwami w drugiej połowie XIX wieku. Wielka Brytania stworzyła tam prawdziwe imperium, którego kolonie rozciągały się od Kairu po Kapsztad.

Kontrola Wielkiej Brytanii nad morzami wynikała również z jej zwycięstw nad europejskimi rywalami, począwszy od Francji. Po wojnach rewolucji francuskiej i wojnach napoleońskich (1793-1815) Brytyjczycy ostatecznie wyparli z wyścigu konkurentów francuskich i hiszpańskich, czyniąc z kraju pierwszą potęgę morską. Traktat wiedeński z 1815 roku przyznał Wielkiej Brytanii także szereg ufortyfikowanych baz, takich jak Gibraltar, Freetown (Sierra Leone), Wyspa Świętej Heleny, Kapsztad, Mauritius, Cejlon i Malta, które odtąd służyły do zapewnienia komunikacji między koloniami a metropolią.

STULECIE NAUKI

Odziedziczony po Oświeceniu, którego celem była walka z obskurantyzmem, entuzjazm dla badań naukowych trwał i przyspieszył w XIX wieku, który był jednocześnie romantyczny i pozytywistyczny.

Na podstawie prac ojca nowoczesnej chemii, Lavoisiera (1743-1794), któremu zawdzięczamy pierwsze wyodrębnienie pierwiastków chemicznych, jego następcy odkryli w XIX wieku prawie wszystkie pierwiastki. W 1869 r. rosyjski chemik Mendelejew (1834-1907) sklasyfikował je według ich mas atomowych w swoim słynnym układzie okresowym.

Dziedzina elektryczności odniosła nawet swój pierwszy sukces wraz z wynalezieniem baterii przez Alessandro Voltę (włoski fizyk, 1745-1827) w 1800 roku. Z tego wynalazku wynikło wiele innych odkryć, takich jak zasada elektrolizy ujawniona przez Anthony'ego Carlisle'a (brytyjski fizjolog, 1768-1840) oraz elektromagnetyzm odkryty przez André Marie Ampere'a (francuski fizyk, 1775-1836) i Michaela Faradaya (brytyjski chemik i fizyk, 1791-1867).

W medycynie znieczulenie zaczęło być szerzej stosowane w 1844 roku dzięki eterowi. Postęp następował również w dziedzinie antybiotyków i szczepionek, zwłaszcza dzięki pracom Ludwika Pasteura (francuski chemik i biolog, 1822-1895).

Ten głód wiedzy popychał również europejskich intelektualistów do odkrywania różnych regionów świata, aby zrozumieć, jak on funkcjonuje. W skład tych wielkich wypraw naukowych wchodzili kartografowie, którzy zajmowali się ciągłym udoskonalaniem map odległych obszarów, astronomowie, którzy poprzez swoje obserwacje poszerzali wiedzę o wszechświecie, ale także wielu przyrodników, którzy zbierali i nieustannie odkrywali gatunki zwierząt i roślin. Celem nadrzędnym było już nie tyle odkrywanie nowych terytoriów, co pogłębianie zrozumienia świata i wszystkiego, co się w nim znajduje.

PRZED DARWINIZMEM: FIKSIZM KONTRA TRANSFORMIZM

Do początku XIX wieku jedna idea dominowała nad wszystkimi: kreacjonizm. Zgodnie z biblijnymi nakazami Księgi Rodzaju, wszystkie gatunki uważano za niezmienne, powstałe spontanicznie i niezależnie od siebie zgodnie z wolą Boga. Ponadto ówczesna geologiczna skala czasu była zupełnie inna od tej, którą znamy dzisiaj. Rzeczywiście, opierała się ona na stworzeniu Ziemi w niedzielę 23 października 4004 roku p.n.e., co nie pozwoliłoby na powstanie teorii ewolucji, jaką znamy dzisiaj, gdyż było to tak krótko. Ten głęboko religijny nurt znalazł swój sztafaż w świecie naukowym w postaci fiksizmu, który głosi, że każdy gatunek przekroczył wieki nie zmieniając się, a przynajmniej nie ulegając znaczącym zmianom. Fiksizm zyskał na znaczeniu w XVIII wieku dzięki pracy Karola Linneusza (szwedzkiego przyrodnika i lekarza, 1707-1778), który opracował system klasyfikacji gatunków, przypisując każdemu osobnikowi łacińską nazwę, płeć i gatunek. System ten, stosowany do dziś, uznano wówczas za stały i niezmienny, odzwierciedlający pierwotny podział pożądany przez Stwórcę.

 **OBLICZENIA CZASOWE**

Datę stworzenia świata (niedziela 23 października 4004 r. p.n.e.) obliczył w XVII wieku irlandzki arcybiskup James Ussher (1581-1656). Ustalił jej chronologię w oparciu o Biblię, która opowiada całą linię męską od Adama, pierwszego człowieka, do Salomona (króla

Izraela, 970-931 p.n.e.), uwzględniając wspomniany wiek każdego potomka. Następnie powiązał to z chronologią królów Izraela oraz z doskonale datowanymi wydarzeniami zachodzącymi w tym czasie w innych cywilizacjach, np. u Rzymian. To właśnie to odliczanie doprowadziło w końcu do roku 4004 p.n.e. Miesiąc i rok zostały ustalone na podstawie początku roku żydowskiego, który w owym roku przypadał na 23 października. Dzień niedzieli również został wybrany zgodnie z żydowską tradycją. Według Księgi Rodzaju Bóg stworzył świat w sześć dni i odpoczął siódmego dnia, który dla Żydów odpowiada sobocie, czyli szabatowi. Początkiem stworzenia była więc niedziela, pierwszy dzień żydowskiego tygodnia.

Na początku XIX wieku to francuski przyrodnik Georges Cuvier (1769-1832) był uosobieniem nurtu fiksistycznego. Paradoksalnie, był on jednym z naukowych założycieli dwóch dyscyplin, które kilkadziesiąt lat później stały się podstawą teorii ewolucji, a mianowicie paleontologii (badania istot żywych na podstawie skamieniałości) i anatomii porównawczej (badania pokrewieństwa na podstawie anatomii). Jednak mimo odkrycia setek skamieniałości Georges Cuvier pozycjonował się jako obrońca fiksizmu, uważając, że skamieniałe gatunki nie mają żadnego związku z tymi z jego czasów. Uważał, że niektóre zniknęły, a inne powstały, zupełnie niezależnie. Na poparcie swojej hipotezy posłużył się teorią powołującą się na wielkie kataklizmy, z których ostatnim był potop pokonany przez arkę Noego.

Choć dominował fiksizm, coraz większego znaczenia nabierał wówczas inny nurt naukowy sięgający starożytności: transformizm. W przeciwieństwie do fiksistów, transformiści wierzyli, że gatunki zmieniały się w czasie w odpowiedzi na pewne okoliczności. Przekazany przez wielkich przyrodników oświecenia, takich jak Georges Louis Leclerc de Buffon (1707-1788), transformizm naprawdę zyskał na znaczeniu dzięki Jean-Baptiste Lamarckowi (francuski przyrodnik, 1744-1829). Wg tego ostatniego gatunki ulegają zmianom w ciągłej progresji w kierunku większej złożoności i zaawansowania. Stworzył nawet prawo – obecnie już nieaktualne – dotyczące dziedziczenia cech, stwierdzając, że transformacja organu jest przekazywana z pokolenia na pokolenie, zmieniając gatunki. Najbardziej znanym przykładem na poparcie jego twierdzenia była żyrafa, zmuszona do żywienia się liśćmi drzew, która stopniowo wydłużała swoją szyję. Przemiana ta stała się wówczas dziedziczna. Choć genetyka w XX wieku wykazała, że przemiany i mutacje gatunków są znacznie bardziej złożone, Jean-Baptiste Lamarck pozostaje jednak prekursorem teorii ewolucji.

BIOGRAFIE

KAROL DARWIN

Przyrodnik i twórca teorii ewolucji, Karol Darwin urodził się 12 lutego 1809 roku w Shrewsbury (Anglia) w zamożnej i wykształconej rodzinie. Rzeczywiście, jego dziadkami byli lekarz, botanik, zoolog i poeta Erasmus Darwin (1731-1802) oraz znany garncarz Josiah Wedgwood (1730-1795), a ojciec, Robert Waring Darwin (1766-1848), był lekarzem. Mimo tych znakomitych karier rodzinnych, Karol Darwin bardzo mało interesował się szkołą, co znalazło odzwierciedlenie w jego ocenach. Pasjonował się jednak przyrodą i od najmłodszych lat zaczął zbierać rośliny i owady.

W 1825 r., gdy Karol miał 16 lat, ojciec postanowił wysłać go na Uniwersytet w Edynburgu, aby uczył się medycyny. Studia te jednak znudziły, a nawet obrzydziły młodzieńca, który opuścił je dwa lata później. Niemniej jednak to właśnie tam otrzymał pierwsze lekcje historii naturalnej, które potwierdziły jego zamiłowania do botaniki i zoologii. Ponieważ młody Darwin zdawał się nie mieć prawdziwego powołania, ojciec zasugerował mu, by został pastorem, ale to stanowisko wiązało się z uzyskaniem dyplomu. Karol Darwin rozpoczął trzyletnie studia w Cambridge, bez większego entuzjazmu, ale z możliwością uczestniczenia w zajęciach z botaniki. Zaprzyjaźnił się wtedy z profesorem Johnem Henslowem (brytyjski botanik i geolog, 1796-1861).

W 1831 roku uzyskał wreszcie tytuł licencjata i za radą swojego profesora wziął wkrótce potem udział w wyprawie z Adamem Sedgwickiem (1785-1873) do północnej Walii. To doświadczenie udoskonaliło naturalistyczne wykształcenie Karola Darwina, który oprócz botaniki i zoologii znał teraz geologię.

Po opuszczeniu uniwersytetu nie chciał zostać pastorem. Zamiast tego marzył o przygodzie i podróżach, jak wielcy przyrodnicy jego czasów. Ponownie John Henslow doradził młodemu człowiekowi i zasugerował, by dołączył do ekspedycji HMS *Beagle* jako przyrodnik, posuwając się do wysłania listu polecającego do kapitana statku, Roberta FitzRoya (1805-1865). Karol Darwin został ostatecznie wybrany i wszedł na pokład statku w grudniu 1831 roku, po tym jak udało mu się uzyskać zgodę niechętnego mu ojca. Choć podróż planowana była na dwa lata, do wypełnienia misji *Beagle* potrzebował aż pięciu lat. Ta podróż była decydująca dla Darwina, który obserwując, zbierając i analizując wszystkie gatunki roślin, zwierząt i minerałów, które znalazł, zaczął formułować teorię, która później uczyniła go sławnym.

Wracając do Anglii, zdał sobie sprawę, że stał się znany w kręgach naukowych. John Henslow rzeczywiście zadbał o opublikowanie korespondencji z podróży młodego przyrodnika. Dzięki temu wsparciu Karol Darwin dostrzegł możliwość utrzymania się ze swoich badań naukowych i definitywnie porzucił karierę duchownego. W 1839 roku ożenił się, wstąpił do Royal Society i opublikował swój dziennik podróży z *Beagle'a*, w którym zawarł teorię na temat formacji atoli.

W 1858 roku inny przyrodnik, Alfred Russel Wallace, przesłał mu swoją pracę na temat teorii ewolucji, która była podobna do jego własnej. Pod naciskiem przyjaciół Darwin zdecydował się w końcu opublikować swoją pracę, aby wyprzedzić Wallace'a. 24 listopada 1859 roku do księgarń trafiła książka *On the Origin of Species by Means of Natural Selection, or the Preservation of Favoured Races in the Struggle for Life*. Sukces był natychmiastowy.

Po tej publikacji cała dziedzina biologii została wywrócona do góry nogami, a w środowisku naukowym toczyły się intensywne debaty. Jednak Karol Darwin, trzymając się z dala od kontrowersji, nadal poświęcał się swoim badaniom, publikując liczne inne pisma i udoskonalając swoją teorię. Zmarł 19 kwietnia 1882 roku w Down w hrabstwie Kent.

ALFRED RUSSEL WALLACE

Alfred Russel Wallace był przyrodnikiem urodzonym 8 stycznia w Usk (Walia). Zafascynowany naukami przyrodniczymi, w latach 1848-1852 odbył podróże do Ameryki Południowej, gdzie podobnie jak inni przyrodnicy zbierał, obserwował i badał wszelkie gatunki. Następnie w 1854 r. wyruszył ponownie na Archipelag Malajski i bazował głównie na Borneo.

Podążając za swoimi obserwacjami, podobnie jak Karol Darwin, szybko doszedł do wniosku, że gatunki zwierząt i roślin są wynikiem długiej ewolucji, której siłą napędową jest dobór naturalny. Chcąc skonfrontować swoje pomysły, w 1858 roku wysłał do Darwina swoją pracę *On the Tendency of Varieties to Departitely From Original Type.* Widząc, jak bardzo zaawansowana była praca Alfreda Wallace'a, Darwin, naciskany przez przyjaciół, postanowił jak najszybciej opublikować własną teorię. Uznając pierwszeństwo pracy Karola Darwina, Alfred Wallace przez całe swoje życie nadal służył teorii ewolucji.

Zmarł 7 listopada 1913 roku w Broadstone (Anglia).

TEORIA EWOLUCJI

PODRÓŻ NA POKŁADZIE *BEAGLE*

Karol Darwin ledwo skończył studia, gdy otrzymał propozycję udziału w ekspedycji naukowej Admiralicji Brytyjskiej na statku *Beagle*. Dowodzona przez kapitana Roberta FitzRoya misja miała na celu kontynuację rozpoczętego w 1826 roku kartowania Patagonii i Tierra del Fuego, a następnie przeprowadzenie badań wybrzeży Chile, Peru i niektórych wysp Pacyfiku.

Wsiadł na pokład statku *Beagle* i wyruszył w środę 27 grudnia 1831 roku na okres pięciu lat. Mając w chwili wypłynięcia 22 lata, przyrodnik twierdził później, że "podróż Beagle [była] zdecydowanie najważniejszym wydarzeniem w [jego] życiu i... zdeterminowała [jego] całą karierę" (Darwin, 2002).

Pomimo choroby morskiej, młody przyrodnik cieszył się swoją misją na *Beagle*. Dowódca pozwolił mu na długie wypady na brzeg, aby mógł badać, zbierać, studiować i naturalizować wszystkie dostępne mu gatunki. Po kilku postojach i długiej przeprawie przez Atlantyk, statek dotarł do Zatoki Rio 4 kwietnia 1832 roku. Tam zaplanowano dwumiesięczny postój, który dał Darwinowi całkowitą swobodę zapuszczania się w głąb lasu deszczowego.

Zafascynowany niesamowitą różnorodnością w przyrodzie, młody człowiek był również zaabsorbowany chaosem lasu, gdzie życie stało obok śmierci i rozkładu, a także zaciętą walką między gatunkami o przetrwanie. Ten widok był dla niego czymś nowym. Do tej pory wszyscy uważali las deszczowy za wspaniały rajski ogród, gdzie natura była dobra, zgodna z boską wolą. Tam jednak przyrodnik odkrył coś zupełnie przeciwnego. Przetrwanie rządziło zachowaniem jednostek w tym nieprzyjaznym środowisku. Darwin niestrudzenie rozpoczął ogólne badanie warunków życia gatunków i powiązań między nimi.

CZAS NA PRZESŁUCHANIE

Beagle wznowił swój rejs 5 lipca i dotarł do Bahia Blanca (na południe od Buenos Aires) 7 września. Podczas wyprawy w teren Karol Darwin odkrył skamieniałe kości. Chociaż widział już niektóre z nich, była to pierwsza okazja, aby zbadać je w ich naturalnym miejscu spoczynku. Zauważył wtedy, że kości były umieszczone w różnych warstwach geologicznych, co świadczyło o obrywie ziemi. Jego uwaga pozostała jednak skupiona na szczątkach olbrzymiego ssaka, który o dziwo wykazywał podobieństwo do innych żyjących jeszcze gatunków, podczas gdy nakazy Georgesa Cuviera mówiły co innego. Ssak ten, któremu nadano nazwę Megatherium, był w rzeczywistości olbrzymim leniwcem, który wyginął 11 000 lat temu.

To odkrycie zafascynowało Karola Darwina i podsyciło jego myśli. Czy istniał związek między wymarłymi i żyjącymi gatunkami? Czy dzisiejsze gatunki są wynikiem transformacji starszych gatunków? Dla przyrodnika było zbyt wcześnie, by odpowiedzieć na takie pytania. Niemniej jednak jego stale rosnące odkrycia i kolekcje, które wysyłał do Anglii, gdy tylko nadarzała się okazja, zmieniły wszystkie jego dotychczasowe wyobrażenia o świecie i naturze.

W grudniu 1832 roku nowe doświadczenie jeszcze bardziej zachwiało naturalistycznymi ideami. *Beagle* dotarł do Tierra del Fuego mając na pokładzie misjonarza i trzech Fuegian (mieszkańców Tierra del Fuego). Trzy lata wcześniej zostali oni przywiezieni do Anglii w celu edukacji. Celem eksperymentu było sprowadzenie ich z powrotem do ich pierwotnego plemienia, aby ucywilizować resztę populacji. Choć ta część misji zakończyła się całkowitym fiaskiem, w znacznym stopniu posłużyła refleksjom przyrodnika. Karol Darwin, który po raz pierwszy spotkał "prymitywnych" ludzi, był zbulwersowany. Zwrócił uwagę na ich podstawowy sposób życia, zachowanie graniczące z dzikością i walkę o przetrwanie w niepewnym środowisku. Jednak trzech z nich było wykształconych, co dowodziło, że między "rasami" ludzi nie ma wyższości intelektualnej, jak wielu wówczas sądziło. Dlatego to środowisko miało wpływ na kondycję człowieka. W obliczu spektaklu dzikich populacji na całym świecie Karol Darwin zauważył, że granica między człowiekiem a zwierzęciem jest cieńsza, niż chcieli wierzyć teologowie. Przeciwnie, Darwin nie widział człowieka jako boskiego stworzenia postawionego ponad wszystkim, ale ssaka wśród wielu innych.

Po kilku wyprawach i postojach w Patagonii, w czerwcu 1834 roku *"Beagle"* przeszedł Cieśninę Magellana. 23 lipca dotarł do Valparaiso w Chile. Karol Darwin wyruszył na pierwszą wycieczkę w Andy i ku swojemu zdumieniu odkrył skamieniałe muszle na wysokości 4 000 metrów. To niepokojące doświadczenie uświadomiło mu, że ziemia została silnie podniesiona przez nieznane siły. Co więcej, takie wydarzenie musiało mieć miejsce w długim okresie czasu, co poddało w wątpliwość jego wyobrażenia o czasie geologicznym pochodzące z Biblii. Następnie *Beagle* wrócił w dół wybrzeża do Valdivia (port w Chile), docierając do celu w lutym 1835 roku, po czym w marcu wrócił do Valparaiso, gdzie przyrodnik po raz drugi zbadał Andy. W Valdivii Karol Darwin stanął w obliczu gwałtownego trzęsienia ziemi, które uświadomiło mu niesamowitą potęgę natury, a w szczególności niestabilność ciągle zmieniającego się świata.

WYSPY GALAPAGOS I ICH ZIĘBY

Po dotarciu do Limy (Peru) wyprawa skierowała się na Wyspy Galapagos, które urzekły Karola Darwina. Ten etap podróży był rzeczywiście kluczowy dla przyrodnika w rozwoju jego teorii. *Beagle* dotarł na wyspę Chatham 17 września 1835 roku, a Darwin natychmiast rozpoczął eksplorację. Przemieszczając się z wyspy na wyspę, zauważył, że na tym archipelagu występują gatunki, których nie można znaleźć nigdzie indziej. Do najbardziej znanych należą żółwie olbrzymie, których mięsa miał okazję spróbować, oraz legwany, które kilkakrotnie wrzucał do wody, aby sprawdzić ich wodoodporność.

Karol Darwin interesował się również ptakami wysp, a konkretnie ziębami, które wiele lat później dzięki niemu zyskały prawdziwą sławę.

Wśród zebranych 26 gatunków ptaków lądowych, zięby na pierwszy rzut oka wydawały się całkiem zwyczajne. Jednak po ich obserwacji Darwin wyróżnił nie mniej niż trzynaście rodzajów tych małych ptaków, które różniły się wielkością dziobów. Były one czasem bardzo rozwinięte, jak u gajowego, czasem znacznie smuklejsze, jak u wojaka, a pomiędzy tymi dwiema skrajnościami znajdowała się mnogość rozmiarów. Karol Darwin zdał sobie sprawę z wagi przykładu zięb dopiero znacznie później, podczas tworzenia swojej teorii. Są one rzeczywiście namacalnym dowodem na zmienność gatunków.

Ptaki te, które prawdopodobnie pochodzą od wspólnego przodka z kontynentu amerykańskiego, z czasem zmieniły się, aby dostosować się do surowego środowiska Wysp Galapagos. Z powodu ograniczonej żywności, gatunki ewoluowały w kierunku włączenia konkretnych cech w oparciu o żywność dostępną na każdej wyspie. Niektóre z nich stały się roślinożerne, inne zaś są owadożerne. Ale nawet w ramach pierwszej kategorii istnieją indywidualności: rzeczywiście, niektóre żywią się twardszymi, większymi nasionami, które tylko silniejszy dziób mógłby rozłupać, podczas gdy inne żywią się mniejszymi nasionami, które są łatwiejsze do zjedzenia, dostarczając niezbędnych wyjaśnień co do wielu rodzajów dzioba, które można znaleźć u tego ptaka.

Nawet dzisiaj "zięby Darwina" są badane w celu obserwacji ewolucji gatunku. I tak, w okresach suszy, kiedy pożywienie jest mniej obfite, biolodzy obserwują spadek populacji zięb drobnych, ponieważ nie są one w stanie rozłupać większych nasion, jak zięby wielkodziobe, które mogą żywić się wszystkim. Odkrycie to pokazuje więc, że najbardziej przystosowane gatunki przetrwają nad tymi mniej przystosowanymi. Chociaż Darwin nie mówił o doborze naturalnym, kiedy odkrył zięby, był jednak przekonany o zmienności gatunków i specjacji (powstawaniu nowych gatunków).

Gdy misja *Beagle'a dobiegała* końca, można było wreszcie rozpocząć powrót do Wielkiej Brytanii. 20 października 1835 roku statek opuścił Galapagos i kolejno dotarł do Tahiti, Nowej Zelandii i Australii. W kwietniu dotarł na Wyspy Kokosowe (wyspy Oceanu Indyjskiego), gdzie Darwin rozwinął swoją teorię o powstawaniu atoli. Fascynował się też koralowcami, których różne gałęzie były inspiracją dla jego drzew ewolucyjnych (gdzie gatunki zmierzają w wielu kierunkach). Wreszcie, po podróży przez Mauritius, Kapsztad i Wyspę Świętej Heleny, statek dotarł do Wielkiej Brytanii 2 października 1836 roku. W czasie podróży Karol Darwin spisał 770 stron notatek i zebrał 1 529 gatunków zakonserwowanych w alkoholu oraz 3 907 gatunków "suchych". Mając tak ogromną bazę materiałów, refleksja przyrodnika nad swoimi odkryciami mogła trwać latami.

PRZETRWANIE NAJSILNIEJSZYCH

Po powrocie Karol Darwin zauważył, że stał się sławny. Jego listy do Johna Henslowa rzeczywiście były czytane w kręgach naukowych, przez co stał się znanym człowiekiem nauki. Natychmiast zaczął katalogować swoje zbiory, a nawet powierzył je wielu ekspertom, aby uzyskać jak najwięcej informacji. W lutym 1837 roku padły pierwsze wyniki, zwłaszcza w sprawie zięb z Galapagos: było 13 różnych rodzajów zięb, ale wszystkie były do siebie bardzo zbliżone. Tymczasem Karol Darwin pracował nad swoimi notatkami, które ostatecznie opublikował w 1839 roku. Wreszcie, od lipca 1837 do lipca 1839 roku, napisał pierwsze książki na temat swojej teorii pochodzenia gatunków.

Darwin pozostał jednak ostrożny, zdając sobie sprawę, że jego idee są niebezpieczne jak na tamte czasy. Dlatego, zachowując dyskrecję, otoczył się naukowcami, a także hodowcami, ogrodnikami i szkółkarzami, aby zebrać nowe dowody. Jego teoria różniła się teraz wyraźnie od kreacjonizmu, ale także od transformizmu Lamarcka. Postawił więc hipotezę, że transformacja gatunku nie jest kontrolowanym wynikiem chęci doskonalenia się zwierzęcia, ale raczej przystosowaniem do środowiska, w którym żyje. Dlatego to nie żyrafy rozciągały własne szyje od jedzenia liści znajdujących się na drzewach, lecz żyrafy z dłuższymi szyjami mogły mieć więcej pożywienia i dzięki temu przeżyć. Dzięki obserwacji i refleksji Karol Darwin zrozumiał, że to selekcja była podstawą przemiany gatunków.

Zauważył więc, że hodowcy zwierząt domowych mogą zidentyfikować minimalne różnice między niektórymi zwierzętami i sztucznie wybrać najodpowiedniejsze lub najsilniejsze do rozmnażania, w ten sposób stopniowo zmieniając gatunek. W przyrodzie taka selekcja również występuje, ale jest to selekcja naturalna. Darwin nie rozumiał jednak jeszcze, jak ta selekcja odbywała się w sposób naturalny. Co było tego przyczyną? Kontynuując swoją analizę, a zwłaszcza lekturę, znalazł w końcu odpowiedź w książce *An Essay on the Principle of Population* Thomasa Malthusa (brytyjski ekonomista, 1766-1834), w której przedstawiona jest ludzka walka o przetrwanie. Pamiętając zaciętą walkę toczoną przez gatunki w lasach deszczowych, Karol Darwin zrozumiał, że znalazł przyczynę doboru naturalnego: walkę o przetrwanie. W nieprzyjaznym środowisku, gdy zmieniają się warunki życia, tylko osobniki najbardziej przystosowane przetrwają i będą się rozmnażać, stopniowo przekształcając gatunek. Przyrodnik miał teraz podstawy swojej teorii, ale jego obawy o rewolucję, którą by wywołał, stale uniemożliwiały napisanie i opublikowanie jego książki.

POCHODZENIE GATUNKÓW ZA POMOCĄ DOBORU NATURALNEGO

Karol Darwin pisał nieustannie przez następne dwadzieścia lat (1839-1859). Z podróży na *Beagle* napisał prace na temat atoli, wysp wulkanicznych i zoologii. W latach 1842 i 1844 napisał też dwa pierwopisy swojej teorii ewolucji, ale nadal niestrudzenie zbierał dowody, zanim pomyślał o ich opublikowaniu. Tymczasem od

1846 do 1852 roku Darwin poświęcił się studiowaniu pąkli (skorupiaków), aby dalej budować swoją reputację, jednocześnie kontynuując swoją główną pracę.

Od 1856 roku Darwin zaczął pisać swoją książkę i w marcu 1858 roku dziesięć rozdziałów było ukończonych, w tym ten poświęcony selekcji naturalnej. Jej faktyczne wydanie zostało jednak przyspieszone przez element zewnętrzny. Inny przyrodnik, Alfred Wallace, przesłał Darwinowi swoje prace, które okazały się bardzo podobne do jego własnych. Zachęcony przez przyjaciół Darwin przedstawił 1 lipca 1858 roku próbkę swojej pracy wraz z esejem Alfreda Wallace'a, zaznaczając jednak, że nad teorią pracuje od 1839 roku. Choć esej został przyjęty z największą obojętnością, przyrodnik kontynuował pisanie swojej książki. W końcu, 24 listopada 1859 roku, opublikował dzieło swojego życia: *On the Origin of Species by Means of Natural Selection, or the Preservation of Favoured Races in the Struggle for Life.*

Na światło dzienne wyszła zupełnie nowa teoria ewolucji. Według Karola Darwina gatunki nie były niezmienne, jak sugerował kreacjonizm, ale były wynikiem powolnego procesu ewolucji od wspólnego przodka. Stwierdził on, że zmianami tymi rządzi dobór naturalny. W przypadku każdego gatunku zmiany mogą zachodzić losowo. Mogą one być pozytywne lub negatywne, w zależności od okoliczności (środowisko, klimat, pożywienie, kamuflaż itp.). Wówczas może działać dobór naturalny. Jeśli ewolucja jest bardziej dopasowana do aktualnych okoliczności, to takie osobniki będą miały większe szanse na przeżycie i rozmnażanie, przekazując tym samym swoje specyficzne cechy potomstwu. Te mniej dopasowane są skazane na zniknięcie. Ta zmiana jest więc stała. Nie ma ona ani kierunku, ani celu, ani szczególnego przeznaczenia, które skłaniałoby do większego postępu, ale jest po prostu wynikiem lepszego dostosowania.

ZNACZENIE

OPOZYCJA RELIGIJNA I NAUKOWA

Publikacja *O pochodzeniu gatunków* cieszyła się natychmiastowym powodzeniem, do tego stopnia, że pierwszy nakład 1 250 egzemplarzy został wkrótce wyczerpany. Do 1872 roku ukazało się sześć wydań książki, z dodatkowymi informacjami o poprawkach. Mimo tego sukcesu, dzieło wzbudziło wiele kontrowersji. Upublicznione przez gazetę, rozpoczęło w Wielkiej Brytanii prawdziwą publiczną debatę na temat książki przyrodnika między ewolucjonistami a Kościołem Anglikańskim, przy czym ci ostatni byli wspierani w świecie naukowym przez fiksistów.

Dzieło Karola Darwina rzeczywiście wzbudziło gniew Kościoła, ponieważ pomijało lub całkowicie zaprzeczało istnieniu Boga. Według ówczesnych koncepcji całe stworzenie było aktem woli Bożej, jak uczy Biblia. Podobnie obraz obfitej przyrody został całkowicie podważony przez Karola Darwina. Zamiast tego przedstawił ją jako srogą, gdyż jest ona miejscem, w którym dobór naturalny bezlitośnie faworyzuje najsilniejszych. Udowadniając naukowo, że żadna boska interwencja nie leżała u podstaw powstania gatunków i ich ewolucji, Karol Darwin unieważnił pojęcie Boga, a tym samym samą wiarę. Jednak w tamtych czasach Kościół widział siebie jako gwaranta porządku społecznego. Zasada ewolucji była nawet wroga fiksistom, którzy właśnie ukończyli niezmienną klasyfikację gatunków według systemu Linneusza.

Wreszcie dzieło Karola Darwina celowo omijało kwestię człowieka i jego pochodzenia. Autor miał nadzieję na uniknięcie kłopotów, ale jego milczenie szybko zostało zinterpretowane, i chyba słusznie, jako chęć nierozróżniania człowieka od innych gatunków. Człowiek nie znajduje się ponad walką, lecz podlega, tak jak inne gatunki, prawom ewolucji. Pogląd ten został wkrótce sprowadzony do idei, że człowiek wyewoluował od małp – czego Karol Darwin nigdy nie twierdził w swojej książce.

Ataki z każdej strony doprowadziły w końcu do wielkiej debaty, która odbyła się w Oksfordzie 30 czerwca 1860 roku. Darwin, wówczas cierpiący, nie wziął w niej udziału, ale reprezentował go jego przyjaciel, Thomas Huxley (brytyjski fizjolog, 1825-1895), natomiast biskup Oksfordu, Samuel Wilberforce (1805-1873) przemawiał w imieniu strony religijnej. Debata między tymi dwoma mężczyznami była brutalna. Biskup nie zawahał się zapytać swojego przeciwnika, czy poprzez swojego dziadka wywodzi się od małp. Thomas Huxley odpowiedział: "Jeśli więc, powiedziałem, postawiono mi pytanie, czy wolałbym mieć za dziadka nędzną małpę, czy człowieka wysoko obdarzonego przez naturę i posiadającego wielkie środki wpływu, a jednak wykorzystującego te zdolności i ten wpływ dla samego celu wprowadzenia śmieszności do poważnej dyskusji naukowej, bez wahania potwierdzam moją preferencję dla małpy" (Continenza, 2004: 136). Pod koniec debaty każda ze stron uważała, że zdobyła przewagę i tak kontrowersje trwały jeszcze przez wiele lat. Mimo to, idee Karola Darwina rozpowszechniły się na całym świecie, a postęp naukowy ostatecznie udowodnił jego rację.

Podobnie Kościół zakończył odrzucanie wszelkich sprzeczności między teorią ewolucji a wiarą, uznając teraz, że interwencja Boga nastąpiła przy narodzinach wszechświata, któremu nadał on swoje prawa. Jednak inne, bardziej fanatyczne grupy religijne nawet dziś zaprzeczają teorii Karola Darwina, preferując dosłowne czytanie Biblii. Grupy te, zwane kreacjonistami, występują głównie w Stanach Zjednoczonych i Australii.

DARWINIZM I NEODARWINIZM

Trzymając się z dala od debat, Karol Darwin kontynuował jednak swoją pracę i dostarczał argumentów na poparcie swojej teorii najlepiej jak potrafił. Wydał więc wiele innych publikacji, które wspierały jego twierdzenia lub dotyczyły innych tematów. Wiedząc, że nie może w nieskończoność unikać tematu, przyrodnik zajął się również kwestią człowieka w książce *The Descent of Man, and Selection in Relation to Sex (Pochodzenie człowieka i dobór w odniesieniu do płci)*, opublikowanej w 1871 roku, a następnie w *The Expression of the Emotions in Man and Animals (Wyrażanie emocji u ludzi i zwierząt)* w roku następnym. W tych dwóch książkach Karol Darwin umieścił człowieka wśród ssaków, które, podobnie jak inne gatunki, wywodzą się od wspólnego przodka. Człowiek również podlega ewolucji. Przyrodnik nie widział jednak w człowieku produktu doboru naturalnego, lecz innego czynnika, a mianowicie doboru płciowego, który, choć mniej rygorystyczny, występował także u innych gatunków. Najprzystojniejsze i najsilniejsze samce miały większe szanse na rozmnażanie i posiadanie potomstwa.

Choć mocno krytykowany, Karol Darwin miał też obrońców, których można było znaleźć zwłaszcza w młodszym pokoleniu przyrodników, którzy widzieli w jego pracy rewolucję w dziedzinie nauki. Narodził się darwinizm, broniący teorii ewolucji. W ostatnich latach życia Darwina i długo po nim, wielu badaczy kontynuowało jego pracę. Kwestia człowieka była nadal przedmiotem debaty, co skłoniło wielu naukowców do poszukiwania brakującego ogniwa, hipotetycznie czyniąc związek między małpą a człowiekiem. W 1856 roku w Niemczech znaleziono skamieniałe szczątki neandertalczyków. Zwolennicy teorii Darwina szybko uznali je za wcześniejszy etap ewolucji człowieka. Później, w XX wieku, inne skamieniałości również pokazałyby ewolucję człowieka, od *Homo erectus* do *Homo habilis*.

Tymczasem w 1865 roku prekursor genetyki, Gregor Mendel (1822-1884), odkrył prawa dziedziczności i geny, co wzmocniło teorię ewolucji, choć Darwin nie znał tych teorii. Na początku XX wieku prace Mendla zostały zastosowane do teorii ewolucji, dając początek neodarwinizmowi lub "nowoczesnej syntezie ewolucyjnej". Uzupełniona o genetykę, teoria Darwina stała się nieunikniona i doskonale wyjaśniała przekazywanie różnic z jednego osobnika na jego potomstwo. Genetyka i odkrycie badań DNA odmieniły również badania nad ewolucją człowieka. Naukowcy odkryli, że człowiek jest kuzynem małpy, a nie bezpośrednim potomkiem. Poszukiwania brakującego ogniwa zatrzymały się na rzecz najstarszego przodka wspólnego dla ludzi i małp.

Choć Karol Darwin zmarł 19 kwietnia 1872 roku, jego przełomowa książka wciąż pozostaje jednym z największych dzieł historii, głęboko naznaczając nauki i filozoficzne koncepcje przyrody i gatunków, w tym człowieka. "Podczas gdy ta planeta krążyła dalej zgodnie ze stałym prawem grawitacji, z tak prostego początku wyewoluowały i ewoluują nieskończone formy najpiękniejsze i najwspanialsze." (Darwin 2008).

PODSUMOWANIE

- Karol Darwin urodził się 12 lutego 1809 roku w Anglii. Jako ubogi uczeń rozpoczął studia, aby zostać lekarzem i pastorem, ale bez większego zainteresowania. Pasjonowały go jednak nauki przyrodnicze i podjął się zbierania roślin i owadów.

- Pod koniec studiów młody człowiek miał możliwość wzięcia udziału w wyprawie *Beagle* dookoła świata jako przyrodnik. Przyjmując ofertę, rozpoczął podróż 27 grudnia 1831 roku. Wyprawa ta sprawiła, że Karol Darwin stał się znanym przyrodnikiem.

- W kwietniu 1832 roku odkrył las deszczowy i był wstrząśnięty dzikością natury i walką różnych gatunków o przetrwanie. Wizja ta była daleka od idei obfitej przyrody zgodnej z boską wolą. To doświadczenie na zawsze zmieniło myślenie Darwina.

- *Beagle* dotarł do Tierra del Fuego w grudniu 1832 roku. Studiując plemiona Tierra del Fuego, Darwin zobaczył, że jego idee dotyczące pochodzenia człowieka zostały całkowicie zakłócone. Nie widział człowieka jako odrębnego od innych zwierząt i stojącego ponad nimi, ale jako ssaka jak każdy inny.

- We wrześniu 1835 roku ekspedycja dotarła na Wyspy Galapagos. Na tym archipelagu młody przyrodnik miał okazję podziwiać dowody specjacji i zmienności gatunków poprzez zięby, których odkrył nie mniej niż 13 różnych rodzajów, różniących się wielkością dzioba.

- Po powrocie do Anglii w 1836 roku Karol Darwin natychmiast zaczął analizować swoje notatki i katalogować zbiory, powierzając nawet niektóre z nich kilku specjalistom, aby zebrać jak najwięcej informacji. Do 1839 roku pisał książki na temat swojej teorii ewolucji.

- Zbierając jak najwięcej dowodów, Darwin otoczył się wieloma specjalistami i kontynuował swoje badania. Ostatecznie stworzył podstawy swojej teorii, określając dobór naturalny jako czynnik wyzwalający ewolucję, a walkę o przetrwanie jako siłę napędową. Jednak zaniepokojony skutkami, jakie mogłoby wywołać takie zaburzenie, Karol Darwin potrzebował dwudziestu lat na napisanie swojej książki.

- Po napisaniu kilku pierwopisów w 1842 i 1844 roku, a wreszcie rozpoczęciu faktycznego pisania w 1856 roku, Karol Darwin był pospiesznie nakłaniany do zakończenia publikacji swojego dzieła. Inny przyrodnik, Alfred Wallace, doszedł do tego samego wyniku co on i istniało ryzyko, że opublikuje swoją teorię jako pierwszy.

- 24 listopada 1859 roku nowa teoria ewolucji została opublikowana pod nazwą *On the Origin of Species by Means of Natural Selection*. Książka odniosła taki sukces, że do 1866 roku była sześciokrotnie wznawiana.

- Książka Karola Darwina natychmiast wywołała kontrowersje, zwłaszcza wśród przedstawicieli Kościoła. Przyrodnik mimo to kontynuował swoją pracę i zmierzył się z zagadnieniem pochodzenia człowieka i jego ewolucji, na zawsze burząc filozoficzne idee swoich czasów.

- Karol Darwin zmarł 19 kwietnia 1872 roku.

DOWIEDZ SIĘ WIĘCEJ

BIBLIOGRAFIA

Bowlby, J. (1992) *Charles Darwin: A New Life*. New York: W.W. Norton & Company.

Brosse, J. (1999) *Les tours du monde des explorateurs. Les grands voyages maritimes, 17641843*. Paris: Bordas.

Continenza, B. (2004) *Darwin, l'arbre de vie*. Paris: Pour la Science.

Darwin, C. (2002) *Autobiografie*. London: Penguin.

Darwin, C. (2008) *O pochodzeniu gatunków*. Oxford : Oxford World's Classics.

Histoire universelle : le XIXe siècle en Europe et en Amérique du Nord (2007) *Création de l'Empire britannique*. Paris: Hachette.

Histoire universelle : le XIXe siècle en Europe et en Amérique du Nord (2007) *La science romantique*. Paris: Hachette.

Histoire universelle : le XIXe siècle en Europe et en Amérique du Nord (2007) *Positivisme et science expérimentale*. Paris: Hachette.

Rice, T. (1999) *Voyages : trois siècles d'explorations naturalistes*. Neuchâtel: Delachaux i Niestlé.

Tort, P. (1997) *Darwin et le darwinisme*. Paris: Presses Universitaires de France.

DODATKOWE ŹRÓDŁA

Desmond, A. Moore, J.A. (1992) *Darwin.* New York: W.W. Norton & Company.

Ruse, M. (2008) *Charles Darwin.* Oxford: Blackwell.

Ruse, M. (eds.) (2013) *The Cambridge Encyclopedia of Darwin and Evolutionary Thought.* Cambridge: Cambridge University Press.

Ruse, M. i Richards, R.J. (2016) *Debating Darwin.* Chicago: University of Chicago Press.

Strager, H. (2016) *A Modest Genius: The Story of Darwin's Life and How His Ideas Changed Everything.* CreateSpace Independent Publishing Platform.

ŹRÓDŁA IKONOGRAFICZNE

Stos woltaiczny, obraz z książki *Leçons de Physique* autorstwa Louise Margat-L'Huillier. Paris: Vuibert et Nony, 1904. Obraz po reprodukcji nieodpłatnej.

Carl Linnaeus, rycina z książki *Famous Men of Science* autorstwa Sarah K. Bolton. New York: T. Y. Crowell & Co, 1889. Obrazek do reprodukcji Royalty-free.

Charles Darwin w wieku 7 lat, autorstwa Ellen Sharples, 1816 r. Obraz wolny od roszczeń i reprodukcji.

Alfred Russel Wallace, 1908 r. Obraz wolny od roszczeń i reprodukcji.

Le HMS Beagle in Tierra del Fuego autorstwa Conrada Martensa. Obraz ten powstał podczas podróży Beagle'a (1831-1836). Obraz po reprodukcji nieodpłatnej.

Zięby Darwina, 1845. © John Gould.

FILMY I DOKUMENTY

Darwin et la Science de l'évolution. (2003) [Dokument]. Valérie Winckler. Dir. Francja: Arte France, Trans Europe Film, CNRS Images.

Karol Darwin i drzewo życia. (2009) [Dokument]. David Attenborough. Writ. UK: British Broadcasting Corporation, The Open University.

Kreacja. (2009) [Film]. Jon Amiel. reż. Wielka Brytania: Recorded Picture Company.

Le Grand Voyage de Charles Darwin. (2009) [Dokument]. Hannes Schuler i Katharina von Flotow. Dir. Francja: Les Films du Paradoxe.

MUZEA I POMNIKI PAMIĄTKOWE

Down House – dom Karola Darwina, Down, Kent (Wielka Brytania).

Pomnik Karola Darwina, Shrewsbury (Wielka Brytania).

Natural History Museum, Londyn (Wielka Brytania).

Posąg Karola Darwina w Muzeum Historii Naturalnej, Londyn (Wielka Brytania).

Chcemy usłyszeć od Ciebie, co się dzieje!
Zostaw komentarz na temat swojej internetowej biblioteki
i podziel się swoimi ulubionymi książkami w mediach społecznościowych!

IMPROVE YOUR GENERAL KNOWLEDGE

IN THE BLINK OF AN EYE!

www.50minutes.com

Wydawca zapewnia o wiarygodności publikowanych informacji, co jednak nie może wiązać się z jego odpowiedzialnością.

Master ISBN : 9782808066563
Papierowy ISBN : 9782808069359
Depozyt prawny: D/2022/12603/156

Projekt cyfrowy: Primento – cyfrowy partner wydawców.